Crinkleroot's

森林爷爷自然课

你应该知道的25种鸟

[美] 吉姆·阿诺斯基 著/绘
洪宇 译

人民东方出版传媒
People's Oriental Publishing & Media
東方出版社
The Oriental Press

伟大的博物学家欧内斯特·汤普森·塞顿在他的《森林知识》一书中，列出了他认为每个孩子都应该认识的40种鸟类。

虽然我并不同意他的一些选择，但这份清单引发了我的思考：每个孩子应该认识多少种鸟？多少种鱼？多少种哺乳动物？……

于是，我特意为孩子们编绘了“森林爷爷自然课动物图鉴”系列（25种鸟类、25种鱼类、25种哺乳动物和25种其他动物）旨在帮助孩子们认识动物王国的大部分常见种类。

我希望我的选择能引发家长和老师们的思考，就像塞顿先生引发了我的思考那样，哪些动物应该被包括在这份孩子的自然认知清单中。小朋友，你也可以发表自己的意见哟！

吉姆·阿诺斯基

小朋友，你好！我是森林爷爷克林克洛特。我是所有动物们的朋友。你认识多少种动物呢？

在这本书中，有25种你应该认识的鸟。

在很多地方，你都能看到鸟。除了空中，水上、岸边和陆地上都有各种各样的鸟。

鸟儿身上的绒羽是柔软的，一层层羽毛可以帮助鸟儿遮风挡雨。

在寒冷的天气里，为了使保暖效果更好，鸟儿会让羽毛变得蓬松起来。

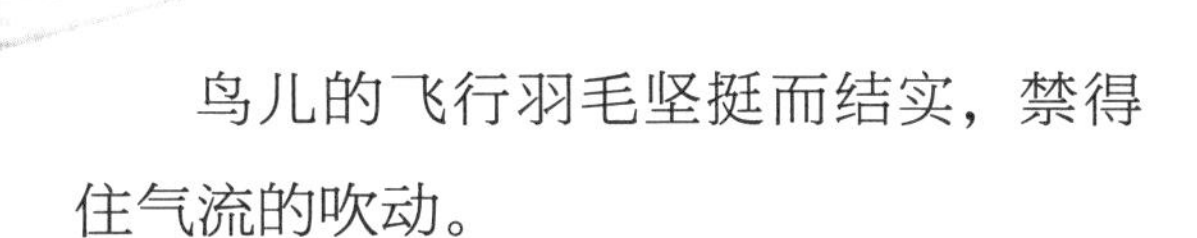

鸟儿的飞行羽毛坚挺而结实，禁得住气流的吹动。

鸟儿可以上下拍动翅膀向前飞行，也可以通过调整翅膀的角度来盘旋。

有些鸟儿不会飞，比如企鹅和鸵鸟。

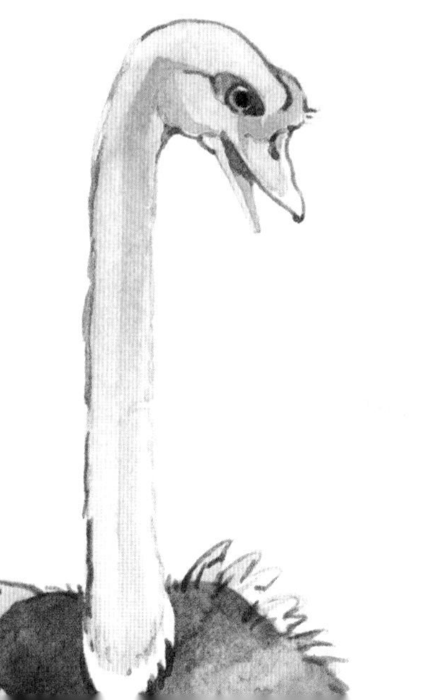

非洲鸵鸟是世界上最大的鸟，它能长到 2.5 米高！

蜂鸟是世界上最小的鸟。

欢迎你来研究鸟类！

你的朋友

森林爷爷克林克洛特

小朋友，请给这些可爱的动物涂上颜色吧！别着急，慢慢涂，要注意细节哟！

鸟类

企鹅

潜鸟

企鹅

潜鸟

天鹅

大雁
野鸭

天鹅

大雁
野鸭

鹈鹕
(tí hú)

海鸥

鹈鹕

海鸥

苍鹭

鹳

苍鹭

火鸡

鸡

火鸡

鸡

秃鹫

鹰

秃鹫

鹰

啄木鸟
猫头鹰

鸽子

啄木鸟
猫头鹰

鸽子

鹦鹉

鸵鸟

鹦鹉

鸵鸟

蜂鸟

蓝鸲（qú）

蜂鸟

蓝鸲

冠蓝鸦

乌鸦

冠蓝鸦

乌鸦

北美红雀

知更鸟

麻雀

（发现我留给你们的小惊喜了吗？请数一数，在前面的彩页里，我藏了哪些动物？）

北美红雀

知更鸟
麻雀

图书在版编目（CIP）数据

森林爷爷自然课．你应该知道的 25 种鸟 /（美）吉姆·阿诺斯基著绘；洪宇译
.— 北京： 东方出版社，2021.11
ISBN 978-7-5207-2093-9

Ⅰ．①森… Ⅱ．①吉… ②洪… Ⅲ．①自然科学 – 儿童读物②鸟类 – 儿童读物
Ⅳ．① N49 ② Q959.7-49

中国版本图书馆 CIP 数据核字（2021）第 041759 号

森林爷爷自然课（全 12 册）
（SENLIN YEYE ZIRAN KE）

著　　绘：[美] 吉姆·阿诺斯基
译　　者：洪　宇
策 划 人：张　旭
责任编辑：丁胜杰
产品经理：丁胜杰
出　　版：东方出版社
发　　行：人民东方出版传媒有限公司
地　　址：北京市西城区北三环中路 6 号
邮　　编：100120
印　　刷：鸿博昊天科技有限公司
版　　次：2021 年 11 月第 1 版
印　　次：2021 年 11 月第 1 次印刷
印　　数：1—10000 册
开　　本：650 毫米 ×1000 毫米　1/12
印　　张：44
字　　数：420 千字
书　　号：ISBN 978-7-5207-2093-9
定　　价：238.00 元
发行电话：（010）85924663　85924644　85924641